BERICHTE ÜBER DIE VERHANDLUNGEN DER SÄCHSISCHEN AKADEMIE DER WISSENSCHAFTEN ZU LEIPZIG

Mathematisch-naturwissenschaftliche Klasse

Band 102 · Heft 2

HANS SCHUBERT / ERICH SCHINCKE

ZUM KONTURPROBLEM DER HODOGRAPHENMETHODE IM UNTERSCHALL

AKADEMIE-VERLAG · BERLIN

1957

Vorgelegt durch Hrn. Hölder in der Sitzung vom 7. Mai 1956
Manuskript eingeliefert am 27. 12. 1956
Druckfertig erklärt am 10. August 1957

Erschienen im Akademie-Verlag GmbH., Berlin W 8, Mohrenstraße 39
Lizenz-Nr. 202 · 100/428/57
Gesamtherstellung: Druckhaus „Maxim Gorki", Altenburg
Bestell- und Verlagsnummer: 2027/102/2
Preis: DM 2,20
Printed in Germany

1. Einleitung[1])

Die Anwendung der Hodographenmethode zur Berechnung ebener Unterschallströmungen um beliebig vorgegebene geschlossene Profile hat bekanntlich den großen Vorteil, daß die nichtlineare partielle Differentialgleichung zweiter Ordnung für die gesuchte Stromfunktion in der Strömungsebene in eine lineare partielle Differentialgleichung zweiter Ordnung für die überpflanzte Stromfunktion in der Hodographenebene übergeführt wird, so daß dort die Stromfunktion durch lineare Superposition aus partikulären Integralen ihrer Differentialgleichung aufgebaut werden kann. Ferner geht die Forderung, daß die Stromfunktion auf der Profilkontur verschwinden muß, in eine gleichartige Randbedingung für die überpflanzte Stromfunktion auf dem Hodographenbild der Profilkontur über. Das Gebiet, das dem Randwertproblem in der Hodographenebene zugrunde liegt, ist zwar beschränkt, i. allg. aber mehrblättrig. Bei geschlossenen Profilen ohne Zirkulation liegt im Bildpunkt der Anströmung eine Verzweigungssingularität vor, die als bekannt betrachtet werden darf, sobald man eine bestimmte Druck-Dichte-Beziehung festgelegt hat. Die eigentümliche Schwierigkeit des Randwertproblems in der Hodographenebene besteht jedoch darin, daß dort die Randkurve nicht wie in der Strömungsebene vorgegeben ist, sondern als Hodographenbild des gegebenen Profils mit der gesuchten Stromfunktion mitbestimmt werden muß.

Um diese Schwierigkeit zu umgehen, wird beim „indirekten Problem" die Randkurve in der Hodographenebene angenommen, so daß dort ein erstes Randwertproblem einer linearen

[1]) Diese Arbeit wurde auszugsweise am 24. 5. 56 auf der Jahrestagung der Ges. f. angew. Mathematik und Mechanik (GAMM) in Stuttgart vorgetragen.

partiellen Differentialgleichung zweiter Ordnung zu lösen ist, und erst hinterher das zugehörige Profil in der Strömungsebene aus der Lösung dieses linearen Randwertproblems ermittelt. In der Regel wählt man in der Hodographenebene diejenige Randkurve, die der inkompressiblen Strömung um das vorgegebene Profil entspricht, und erhält dann durch Rücktransformation dieser Randkurve mit den Abbildungsgleichungen für die kompressible Strömung eine dem vorgegebenen Profil benachbarte Kontur, die überdies noch von der Anströmungsmachzahl abhängt. Auf dieses indirekte Problem beziehen sich zahlreiche Arbeiten (TSIEN [1], CHRISTIANOWITSCH [2], LIGHTHILL [3] Tomotika-Tamada [10] u. a.) auf die wir hier nicht näher eingehen wollen.

Von den bisher eingeschlagenen Wegen zur Behandlung des „direkten Problems", wo also die Randkurve in der Hodographenebene bei der Lösung des Randwertproblems mitbestimmt werden muß, seien folgende erwähnt:

LIN [11] legt seinen Untersuchungen die lineare Druck-Dichte-Beziehung von v. KÁRMÁN-TSIEN [1] zugrunde und ordnet der kompressiblen Strömung um das vorgegebene Profil P in der z-Ebene ($z = x + iy$) eine inkompressible Strömung um ein Profil P_0 in der ζ-Ebene ($\zeta = \xi + i\eta$) in folgender Weise zu: Das Außengebiet von P_0 in der ζ-Ebene denkt er sich umkehrbar eindeutig (jedoch nicht konform) auf das Außengebiet des Profils P in der z-Ebene so abgebildet, daß $z = z(\zeta)$ auf P_0 eine Parameterdarstellung von P mit ζ als Parameter liefert. (Vgl. dazu auch RICHTER-MÜLLER [12].) Zur Ermittlung dieser Parameterdarstellung muß eine im Außengebiet von P_0 analytische Funktion $k(\zeta)$ bestimmt werden, die dort nirgends verschwindet und zwei weitere Bedingungen zu erfüllen hat, die sich aus dem Charakter der Abbildung ergeben. Auf dieser Grundlage haben ZAAT-TIMMAN [13] ein rechenfähiges Näherungsverfahren zur Ermittlung von $k(\zeta)$ entwickelt. Da jedoch diese Methode an die Druck-Dichte-Beziehung von v. Kármán-Tsien gebunden ist — $k(\zeta)$ wäre sonst nicht mehr analytisch —, wollen wir hier nicht näher darauf eingehen.

Bergman [4] S. 141 ff. löst zunächst das indirekte Problem mit Hilfe der Hodographenabbildung der zum vorgegebenen Profil C gehörigen inkompressiblen Strömung und erhält dadurch in der Strömungsebene eine kompressible Strömung mit der Stromfunktion $\psi(x, y)$, die zu einer gewissen Nachbarkontur C^* von C gehört. Um nun die zum vorgegebenen Profil C gehörige Stromfunktion $\psi_0(x, y)$ der gesuchten kompressiblen Strömung zu ermitteln, stellt er in der Strömungsebene für die Korrekturfunktion

$$\chi(x, y) = \psi_0(x, y) - \psi(x, y)$$

ein in erster Näherung lineares Randwertproblem einer partiellen Differentialgleichung zweiter Ordnung mit vorgeschriebenen Randwerten auf der Kurve C^* auf. Zur Linearisierung der Differentialgleichung verwendet er einen Parameter ε, der die maximale Abweichung der Kurve C und C^* charakterisiert, und setzt überdies voraus, daß die Korrekturfunktion $\chi(x, y)$ durchweg von der Größenordnung ε ist. Wieweit dieses Verfahren numerisch brauchbare Resultate liefert, ist aus der uns zugänglichen Literatur nicht ersichtlich.

Bers [5] bildet das Außengebiet des vorgegebenen Profils in der Strömungsebene mit Hilfe einer Abbildung, die in bezug auf eine bestimmte Riemannsche Metrik konform ist, auf das Außengebiet des Einheitskreises einer Hilfsebene $\zeta = \xi + i\eta$ ab und erhält dort das System linearer Differentialgleichungen

$$\varphi_\xi = T\psi_\eta, \qquad \varphi_\eta = -T\psi_\xi$$

mit den Rand- und Grenzbedingungen[1])

$$[\psi] = 0 \text{ auf } |\zeta| = 1; \qquad \varphi_\xi > 0,\ \varphi_\eta = 0 \text{ für } \zeta = \infty$$

[1]) Mit dem Klammersymbol $[\psi]$ bezeichnen wir die Randwerte einer Ortsfunktion $\psi(x, y)$ zum Unterschied von den Werten innerhalb ihres Regularitätsgebietes.

Dabei ist T eine bekannte Funktion der Geschwindigkeit allein. Hinzu kommt noch die KUTTA-JOUKOWSKIsche Abflußbedingung, falls Zirkulation vorhanden ist. In der ζ-Ebene ist also wie bei der Behandlung der inkompressiblen Strömung mit der Methode der konformen Abbildung lediglich ein erstes Randwertproblem einer linearen partiellen Differentialgleichung zweiter Ordnung für das Kreisgebiet zu lösen. Dagegen besteht die hauptsächliche Schwierigkeit des Verfahrens in der Herstellung der verallgemeinerten konformen Abbildung des Außengebietes des vorgegebenen Profils auf das Kreisgebiet $|\zeta| > 1$. Dieses Abbildungsproblem führt BERS auf die Bestimmung einer Funktion von einer einzigen reellen Veränderlichen aus einer komplizierten Funktionalgleichung zurück und schlägt zur numerischen Realisierung seiner in mathematischer Hinsicht klar durchdachten Methode vor, einen geeignet konstruierten elektronischen Rechenautomaten einzusetzen. (Vgl. [5] S. 124.)

Von besonderer Bedeutung für das ,,direkte Problem" erscheint eine Methode von GUDERLEY [6][1]), die er zur Untersuchung von schallnahen Strömungen mit Durchgang durch die Schallgrenze heranzieht. Nach dieser Methode wird zunächst das Umströmungsproblem mittels der LEGENDRE-Transformation von der Strömungsebene in eine $\eta\Theta$-Ebene übertragen, wobei Θ den Stromwinkel, d. h. den Neigungswinkel des Geschwindigkeitsvektors gegen die x-Achse (Anströmrichtung) bedeutet und η mit dem Geschwindigkeitsbetrag w durch die Beziehung

$$\eta = (\varkappa + 1)^{\frac{1}{3}} \frac{w - a^*}{a^*} \tag{1,1}$$

verknüpft ist. Mit a^* wird in dieser Formel die kritische Geschwindigkeit und mit $\varkappa$ das Verhältnis der spezifischen Wärmen bezeichnet. Für Strömungen, die nur wenig von einer Parallel-

[1]) Während die Arbeit [6] von GUDERLEY noch vor Abschluß unserer Untersuchungen in unsere Hände gelangte, sind uns die dort zitierten Abhandlungen (10), (11), (12) bisher unzugänglich geblieben, so daß wir sie auch nicht zum Vergleich mit unseren Untersuchungen heranziehen konnten.

strömung mit Schallgeschwindigkeit abweichen, ergeben sich dann in der $\eta\Theta$-Ebene für das Geschwindigkeitspotential $\Phi(\eta,\Theta)$ und die Stromfunktion $\Psi(\eta,\Theta)$ in erster Näherung die linearen Differentialgleichungen

$$\Phi_{\eta\eta} - \eta\Phi_{\Theta\Theta} = 0 \quad \text{und} \quad \Psi_{\eta\eta} - \eta\Psi_{\Theta\Theta} = 0 \tag{1,2}$$

und zwischen Φ und Ψ der einfache Zusammenhang

$$\Psi = \varrho^*\Phi_\Theta, \tag{1,3}$$

in dem ϱ^* die zu a^* gehörige Dichte bedeutet. Auf der Bildkurve der Profilkontur in der $\eta\Theta$-Ebene erhält GUDERLEY die beiden Randbedingungen

$$[\Phi_\Theta] = \text{const.} \quad \text{und} \quad [\Phi_\eta] = f(\Theta), \tag{1,4}$$

wobei sich $f(\Theta)$ aus der Parameterdarstellung

$$x = f_1(\Theta), \qquad y = f_2(\Theta) \tag{1,5}$$

der Profilkontur berechnen läßt. Daß neben der mit $[\Psi] = \text{const.}$ gleichwertigen ersten Randbedingung von (1,4) noch eine zweite Randbedingung auftritt, ist für das Randwertproblem in der Hodographenebene typisch; man kann die zweite Randbedingung gewissermaßen als einen Ersatz für die unbekannte Bildkurve der Profilkontur auffassen.

In seinem Bericht [6] gibt GUDERLEY interessante Beispiele von Profilströmungen mit Durchgang durch die Schallgrenze an, die sich nicht in physikalisch sinnvoller Weise durch eine durchweg stetige Lösung des zugehörigen Randwertproblems darstellen lassen, womit natürlich nicht gesagt ist, daß nicht für spezielle Profile ein stoßfreier Durchgang durch die Schallgrenze möglich wäre. Daher ziehen wir es vor, lieber die Beschränkung auf das Unterschallgebiet in Kauf zu nehmen und nach einem Näherungsverfahren zu suchen, das bei hohen Unterschallgeschwindigkeiten bessere Ergebnisse liefert als das indirekte Problem.

In der vorliegenden Untersuchung wird ein Sonderfall des direkten Problems, nämlich die Ermittlung der zirkulationslosen Unterschallströmung, um ein doppeltsymmetrisches Profil S_I auf der Grundlage der Transformation von MOLENBROEK-TSCHAPLIGIN behandelt. Zur Vereinfachung wird die Adiabatenkurve quadratisch approximiert, was im Unterschallbereich, wie in [7] gezeigt wurde, keine nennenswerte Abweichung von der physikalischen Wirklichkeit bedeutet; jedoch ist unsere Methode nicht an diese Vereinfachung gebunden. Ähnlich wie bei BERGMAN [4] wird die gesuchte Stromfunktion in der Form

$$\psi = \bar{\psi} + \chi \tag{1,1}$$

angesetzt, in der $\bar{\psi}$ die Stromfunktion einer bekannten zirkulationslosen Unterschallströmung um ein Nachbarprofil $\bar{S}_I$ von S_I bezeichnet. Die Funktion $\bar{\psi}$ kann z. B. mit der Methode des indirekten Problems bestimmt werden. Dann ergibt sich nach einigen Transformationen für die Korrekturfunktion χ das folgende Randwertproblem: Gesucht wird in einer $\tilde{\Omega}\tilde{\Theta}$-Ebene 1. die Gleichung $\tilde{\Omega} = \tilde{\Omega}(\tilde{\Theta})$ einer „zulässigen" Kurve S_{III}, die dort ein Sterngebiet T_{III} berandet, das den Ursprung der $\tilde{\Omega}\tilde{\Theta}$-Ebene enthält, und 2. eine in T_{III} durchweg reguläre Lösung $\chi(\tilde{\Omega}, \tilde{\Theta})$ der Differentialgleichung

$$\Delta\chi + 2k^2\tilde{\Omega}\chi = 0 \qquad (k = \text{const.}) \tag{1,2}$$

die auf S_{III} nebst ihren partiellen Ableitungen erster Ordnung stetige Randwerte besitzt und den beiden Randbedingungen

$$[\chi] = -[\bar{\psi}] \tag{1,3}$$

sowie

$$[\chi_{\tilde{\Omega}}]^2 + \frac{1}{\tilde{\Omega}}[\chi_{\tilde{\Theta}}]^2 + A(\tilde{\Omega},\tilde{\Theta})[\chi_{\tilde{\Omega}}] + B(\tilde{\Omega},\tilde{\Theta})[\chi_{\tilde{\Theta}}] = C(\tilde{\Omega},\tilde{\Theta}) \tag{1,4}$$

genügt. In der letzten Randbedingung sind die Koeffizienten A, B, C als Funktionen von $\tilde{\Omega},\tilde{\Theta}$ durch die Vorgaben eindeutig bestimmt. Für das Argument $\tilde{\Omega}$ hat man sich überall die noch unbekannte Kurvengleichung $\tilde{\Omega} = \tilde{\Omega}(\tilde{\Theta})$ von S_{III} eingesetzt zu denken. Zur Herleitung dieses Randwertproblems wurde der Krümmungsverlauf des Profils S_I wesentlich mitbenutzt; jedoch sind bisher weder in der Differentialgleichung noch in den Randbedingungen irgendwelche Glieder gestrichen worden.

Während sich in der Strömungsebene für die gesuchte Stromfunktion ein Randwertproblem einer nichtlinearen Differentialgleichung mit einer linearen Randbedingung auf der vorgegebenen Profilkontur ergibt, liegt für die Korrekturfunktion χ in der $\tilde{\Omega}\tilde{\Theta}$-Ebene ein ganz anders geartetes Randwertproblem vor. In diesem Falle ist die Differentialgleichung linear, jedoch muß mit der gesuchten Lösung zugleich ein Regularitätsgebiet dieser Lösung mitbestimmt werden, auf dessen Rand eine lineare und eine nichtlineare Randbedingung vorgeschrieben sind. Daß durch diese Transformation des ursprünglichen Randwertproblems ein Fortschritt erreicht worden ist, läßt sich durch folgende Betrachtung plausibel machen. Lassen wir die nichtlineare Randbedingung (1,4) zunächst einmal weg, so bleibt in der $\tilde{\Omega}\tilde{\Theta}$-Ebene für jede beliebige Randkurve $\tilde{S}$ ein erstes Randwertproblem der Differentialgleichung (1,2) übrig, dessen Lösung wir als fonction de ligne im Sinne von VOLTERRA [8] auffassen. Die Lösung dieses ersten Randwertproblems, die sich durch eine Reihenentwicklung oder einen geschlossenen Integralausdruck darstellen läßt, denken wir uns in die Randbedingung (1,4) eingesetzt und erhalten eine nichtlineare Funktionalgleichung zur Bestimmung der gesuchten Kurvengleichung $\tilde{\Omega} = \tilde{\Omega}(\tilde{\Theta})$ von S_{III}. Diese Funktionalgleichung enthält $\tilde{\Theta}$ als einzige unabhängige Veränderliche. Sobald man aus dieser Gleichung die Randkurve S_{III} ermittelt hat, läßt sich die gesuchte Korrekturfunktion χ ohne Schwierigkeiten als Lösung des zuvor erwähnten ersten Randwertsproblems berechnen.

Ein Näherungsverfahren, das auf dieser Grundlage aufgebaut ist, wird zur Zeit noch numerisch erprobt und soll in einem späteren Heft dieser Berichte veröffentlicht werden.

2. Das Randwertproblem in der Strömungsebene

In der xy-Ebene sei ein Profil S_I mit doppelter Symmetrie in bezug auf das xy-System vorgegeben. Gesucht wird eine stationäre Unterschallströmung einer reibungslosen Flüssigkeit um S_I, die keine Zirkulation besitzt und im Unendlichen in eine Parallelströmung zur x-Achse übergeht. Ferner denken wir uns zur Vereinfachung eine Druck-Dichte-Beziehung zugrundegelegt, die sich wie in [7] näher ausgeführt wurde, durch quadratische Approximation der Adiabatenkurve ergibt. Diese Näherungskurve berührt dann die Adiabate in dem der Anströmungsgeschwindigkeit entsprechenden Punkt von zweiter Ordnung. Für das Geschwindigkeitspotential $\Phi(x, y)$ und die Stromfunktion $\Psi(x, y)$ bestehen im Außengebiet T_I von S_I die bekannten Beziehungen

$$\Phi_x = \frac{\varrho_0}{\varrho}\Psi_y, \qquad \Phi_y = -\frac{\varrho_0}{\varrho}\Psi_x. \tag{2,1}$$

Hieraus ergibt sich z. B. für $\Psi(x, y)$ die nichtlineare Differentialgleichung zweiter Ordnung

$$\Psi_{xx}\left\{1 - \left(\frac{\varrho_0}{\varrho a}\right)^2 \Psi_y^2\right\} + \Psi_{yy}\left\{1 - \left(\frac{\varrho_0}{\varrho a}\right)^2 \Psi_x^2\right\} + 2\left(\frac{\varrho_0}{\varrho a}\right)^2 \Psi_{xy}\Psi_x\Psi_y = 0, \tag{2,2}$$

die bei Beschränkung auf reine Unterschallströmung $(w < a)$ genau wie die entsprechende Differentialgleichung für $\Phi(x,y)$ von elliptischem Typus ist. In (2,1) und (2,2) wie auch in späteren Formeln werden mit dem Index Null die dem Anströmungszustand entsprechenden Funktionswerte von ϱ, w und a versehen. Zu (2,2) kommt noch die auf S_I gültige Randbedingung

$$[\Psi] = 0 \tag{2,3}$$

und die Grenzbedingung

$$\frac{\varrho_0}{\varrho}\Psi_y \to w_0, \qquad \frac{\varrho_0}{\varrho}\Psi_x \to 0 \quad \text{für} \quad x^2 + y^2 \to \infty \tag{2,4}$$

hinzu.

Aus der Schar $\Psi(x,y) = \text{const.}$ der im Gebiet T_I verlaufenden Stromlinien greifen wir nun eine Stromlinie L heraus, die durch den Scharparameter c gekennzeichnet sei, und führen auf L den Stromwinkel ϑ, d. h. den Neigungswinkel des Geschwindigkeitsvektors $\mathfrak{w}$ gegen die x-Achse als Kurvenparameter ein. Wird dann noch mit $\mathfrak{R}(\vartheta,c)$ der Krümmungsradius von L bezeichnet, so läßt sich L durch die Gleichungen

$$(2,5)\qquad \begin{aligned} x(\vartheta) &= x_0 + \int_{\vartheta_0}^{\vartheta} \mathfrak{R}(\vartheta,c)\cos\vartheta\, d\vartheta\,, \\ y(\vartheta) &= y_0 + \int_{\vartheta_0}^{\vartheta} \mathfrak{R}(\vartheta,c)\sin\vartheta\, d\vartheta \end{aligned}$$

darstellen, wobei die Konstanten x_0, y_0 der Bedingung $\Psi(x_0,y_0) = c$ genügen müssen. Mit Hilfe von (2,5) ergibt sich auf L die Beziehung

$$(2,6)\qquad \frac{d\Phi}{d\vartheta} = \mathfrak{R}(\vartheta,c)w\,,$$

zu der noch die Beziehung

$$(2,7)\qquad \frac{d\Psi}{d\vartheta} = 0$$

hinzukommt. Beide Gleichungen zusammen charakterisieren den Verlauf der Funktionen $\Phi(x,y)$ und $\Psi(x,y)$ auf L bis auf eine belanglose additive Konstante.

Um nun beide Gleichungen auf die Profilkontur S_I übertragen zu können, setzen wir voraus, daß S_I sowohl auf der Oberseite als auch auf der Unterseite eine stetige Krümmung $1/\mathfrak{R}(\vartheta)$ besitzt, so daß wir S_I analog zu (2,5) in der Gestalt

$$(2,8)\qquad x(\vartheta) = x_0 + \int_{\vartheta_0}^{\vartheta} \mathfrak{R}(\vartheta)\cos\vartheta\, d\vartheta\,,\quad y(\vartheta) = y_0 + \int_{\vartheta_0}^{\vartheta} \mathfrak{R}(\vartheta)\sin\vartheta\, d\vartheta$$

darstellen können; darin bedeuten x_0, y_0 jetzt die Koordinaten eines beliebigen Punktes von S_I. Nehmen wir weiterhin an, daß auf S_I bei Annäherung von T_I her stetige Randwerte von Φ_x, Φ_y, Ψ_x, Ψ_y existieren, so folgt aus (2,6) die auf S_I gültige Beziehung

$$\left[\frac{d\Phi}{d\vartheta}\right] = \Re(\vartheta)\, w \tag{2,9}$$

und aus (2,7) die mit (2,3) gleichwertige Randbedingung

$$\left[\frac{d\Psi}{d\vartheta}\right] = 0\,. \tag{2,10}$$

Während zur Behandlung des oben formulierten Umströmungsproblems in der xy-Ebene die Randbedingung (2,3) bzw. die damit völlig gleichwertige Bedingung (2,10) völlig ausreichen würde, da in diesem Falle die Gleichung (2,9) eine einfache Folgerung aus der für S_I vorgegebenen Parameterdarstellung (2,8) ist, ändert sich dieser Sachverhalt ganz wesentlich, wenn man das Umströmungsproblem in die Hodographenebene transformiert. Da dort die Bildkurve von S_I unbekannt ist, wird zu ihrer Ermittlung außer der Randbedingung (2,10) noch eine weitere Aussage benötigt, die wir durch Übertragung der Randbedingung (2,9) in die Hodographenebene gewinnen.

3. Das Randwertproblem in der $w\vartheta$-Ebene

Mit Hilfe der bekannten Relationen

$$dx = x_w dw + x_\vartheta d\vartheta \qquad dy = y_w dw + y_\vartheta d\vartheta \tag{3,1}$$

mit

$$\begin{aligned}
x_w &= \frac{1}{w}\left(\Phi_w \cos\vartheta - \frac{\varrho_0}{\varrho}\Psi_w \sin\vartheta\right),\\
x_\vartheta &= \frac{1}{w}\left(\Phi_\vartheta \cos\vartheta - \frac{\varrho_0}{\varrho}\Psi_\vartheta \sin\vartheta\right)\\
y_w &= \frac{1}{w}\left(\Phi_w \sin\vartheta + \frac{\varrho_0}{\varrho}\Psi_w \cos\vartheta\right),\\
y_\vartheta &= \frac{1}{w}\left(\Phi_\vartheta \sin\vartheta + \frac{\varrho_0}{\varrho}\Psi_\vartheta \cos\vartheta\right)
\end{aligned} \tag{3,2}$$

gehen wir von der Strömungsebene (xy-Ebene) zur Hodographenebene ($w\vartheta$-Ebene) über, indem wir die Ortskoordinaten x, y sowie die beiden Funktionen $\Phi(x, y)$ und $\Psi(x, y)$ als Funktionen der Geschwindigkeitskoordinaten w, ϑ auffassen und führen anschließend die Radialstreckung

$$\omega = \exp \int_{w_0}^{w} \frac{\varrho}{\varrho_0} K(w) \frac{dw}{w} \qquad \vartheta = \vartheta \tag{3,3}$$

mit

$$K(w) = \frac{\varrho_0}{\varrho} \sqrt{1 - \frac{w^2}{a^2}} \tag{3,4}$$

aus. Dann besteht im Bildgebiet T_{II} von T_I bekanntlich das Gleichungssystem (vgl. [9], [7])

$$\Phi_\omega = -K(\omega) \frac{1}{\omega} \Psi_\vartheta, \qquad \Phi_\vartheta = K(\omega)\, \omega\, \Psi_\omega . \tag{3,5}$$

Dabei wurde zur Abkürzung $K(w(\omega)) = K(\omega)$ gesetzt. Hieraus gewinnt man im Gebiet T_{II} der $\omega\vartheta$-Ebene die lineare Differentialgleichung zweiter Ordnung

$$\Psi_{\omega\omega} + \left(\frac{K_\omega}{K} + \frac{1}{\omega}\right) \Psi_\omega + \frac{1}{\omega^2} \Psi_{\vartheta\vartheta} = 0, \tag{3,6}$$

in der $K_\omega = \dfrac{dK}{d\omega}$ bedeutet. Zwischen den Koordinaten x, y und den Koordinaten ω, ϑ ergeben sich dann mit Benutzung von (3,5) die Differentialbeziehungen

$$\begin{aligned} dx &= -\frac{1}{w} \left(K(\omega) \frac{1}{\omega} \Psi_\vartheta \cos\vartheta + \frac{\varrho_0}{\varrho} \Psi_\omega \sin\vartheta\right) d\omega \\ &\quad + \frac{1}{w} \left(K(\omega)\, \omega\, \Psi_\omega \cos\vartheta - \frac{\varrho_0}{\varrho} \Psi_\vartheta \sin\vartheta\right) d\vartheta \\ dy &= -\frac{1}{w} \left(K(\omega) \frac{1}{\omega} \Psi_\vartheta \sin\vartheta - \frac{\varrho_0}{\varrho} \Psi_\omega \cos\vartheta\right) d\omega \\ &\quad + \frac{1}{w} \left(K(\omega)\, \omega\, \Psi_\omega \sin\vartheta + \frac{\varrho_0}{\varrho} \Psi_\vartheta \cos\vartheta\right) d\vartheta \end{aligned} \tag{3,7}$$

Durch die Abbildung (3,7) wird das Außengebiet T_I des Profils S_I in der Strömungsebene auf ein beschränktes zweiblättriges Gebiet T_{II} der $\omega\vartheta$-Ebene abgebildet, dessen Verzweigungspunkt im Bildpunkt $\omega = 1$, $\vartheta = 0$ der Anströmung liegt. Bezeichnen wir den Geschwindigkeitsbetrag auf der Oberseite $(y \geqq 0)$ des gegebenen Profils S_I mit w_1 und denjenigen auf der Unterseite $(y \leqq 0)$ mit w_2, so kommt die Doppelsymmetrie von S_I in bezug auf das xy-System durch die beiden Beziehungen

$$(3,8) \qquad w_1(\vartheta) = w_2(-\vartheta), \qquad w_1(-\vartheta) = w_1(\vartheta)$$

zum Ausdruck. In der $\omega\vartheta$-Ebene entspricht der Kurve S_I die in der zweiblättrigen RIEMANNschen Fläche verlaufende Randkurve S_{II} von T_{II} mit der Kurvengleichung $\omega = \omega(\vartheta)$ und den Symmetriebedingungen

$$(3,9) \qquad \omega_1(\vartheta) = \omega_2(-\vartheta), \qquad \omega_1(-\vartheta) = \omega_1(\vartheta),$$

wobei sich der Index 1 auf das erste und der Index 2 auf das zweite Blatt bezieht. Die Kurve S_{II} verläuft dann in den beiden Blättern so, daß stets zwei Punkte von S_{II} über demselben Spurpunkt der $\omega\vartheta$-Ebene liegen.

Nunmehr wenden wir uns der Übertragung der beiden Randbedingungen (2,9) und (2,10) in die $\omega\vartheta$-Ebene zu und lassen die Grenzbedingung (2,4) einstweilen beiseite. Fassen wir Φ und Ψ nicht mehr als Funktionen von x und y, sondern als Funktionen von ω und ϑ auf, so erhalten wir für (2,9) und (2,10) auf der Bildkurve S_{II} von S_I zwei Randbedingungen von gleicher Gestalt:

$$(3,10) \qquad \left[\frac{d\Phi}{d\vartheta}\right] = \Re(\vartheta)\, w(\omega)$$

und

$$(3,11) \qquad \left[\frac{d\Psi}{d\vartheta}\right] = 0,$$

nur daß darin die Veränderliche ϑ nicht mehr wie in (2,9) und (2,10) den Stromwinkel, sondern den Polarwinkel in der $\omega\vartheta$-Ebene bedeutet, und die Werte $w(\omega)$ in (3,10) vermöge der Kurvengleichung $\omega = \omega(\vartheta)$ von S_{II} auf die unabhängige Veränderliche ϑ bezogen sind. Nehmen wir der Einfachheit halber an, daß S_{II} eine durchweg glatte Kurve in der zweiblättrigen RIEMANNschen Fläche über der $\omega\vartheta$-Ebene darstellt und auf S_{II} stetige Randwerte $[\Psi_\omega]$, $[\Psi_\vartheta]$ von $\Psi_\omega(\omega, \vartheta)$ bzw. $\Psi_\vartheta(\omega, \vartheta)$ existieren, ohne danach zu fragen, wieweit sich diese Annahmen aus den im Abschnitt 2 angegebenen Voraussetzungen über S_I und den dort geforderten Randwerteigenschaften von Φ_x, Φ_y, Ψ_x, Ψ_y herleiten lassen, so erhalten wir aus (3,10) und (3,11) die Randbedingungen

$$[\Phi_\omega]\frac{d\omega}{d\vartheta} + [\Phi_\vartheta] = \Re(\vartheta)\, w(\omega) \tag{3,12}$$

bzw.

$$[\Psi_\omega]\frac{d\omega}{d\vartheta} + [\Psi_\vartheta] = 0. \tag{3,13}$$

Ersetzen wir die Randwerte $[\Phi_\omega]$ und $[\Phi_\vartheta]$ in (3,12) mit Hilfe der Differentialgleichungen (3,5) durch die Randwerte $[\Psi_\omega]$ und $[\Psi_\vartheta]$, so geht (3,12) über in

$$K(\omega)\left\{\omega[\Psi_\omega] - \frac{1}{\omega}\frac{d\omega}{d\vartheta}[\Psi_\vartheta]\right\} = \Re(\vartheta)\, w(\omega).$$

Hieraus folgt, wenn wir noch $\frac{d\omega}{d\vartheta}$ mittels (3,13) eliminieren, auf S_{II} die Beziehung

$$\omega K(\omega)\left\{[\Psi_\omega]^2 + \frac{1}{\omega^2}[\Psi_\vartheta]^2\right\} = \Re(\vartheta)\, w(\omega)\, [\Psi_\omega]. \tag{3,14}$$

Die Randbedingung (3,13) überträgt nur die übliche Kontureigenschaft (2,3) vom gegebenen Profil S_I auf seine Bildkurve S_{II} in der $\omega\vartheta$-Ebene und kann auch auf S_{II} einfacher in der Form

$$[\Psi] = 0 \tag{3,15}$$

geschrieben werden. Die Bedeutung der Randbedingung (3,14) für die Behandlung des direkten Problems erkennt man durch folgende Betrachtung.

Integriert man die Gleichungen (3,7) längs der Kurve S_{II} nach ϑ, indem man sich für ω die Kurvengleichung $\omega = \omega(\vartheta)$ von S_{II} eingesetzt denkt, und eliminiert anschließend $\frac{d\omega}{d\vartheta}$ mit Hilfe von (3,13), so erhält man zunächst das Gleichungssystem

$$(3{,}16)\qquad \begin{aligned} x &= x_0 + \int_{\vartheta_0}^{\vartheta} \frac{1}{w} K(\omega) \left\{ \frac{1}{\omega} \frac{[\Psi_\vartheta]^2}{[\Psi_\omega]} + \omega\,[\Psi_\omega] \right\} \cos\vartheta\, d\vartheta \\ y &= y_0 + \int_{\vartheta_0}^{\vartheta} \frac{1}{w} K(\omega) \left\{ \frac{1}{\omega} \frac{[\Psi_\vartheta]^2}{[\Psi_\omega]} + \omega\,[\Psi_\omega] \right\} \sin\vartheta\, d\vartheta , \end{aligned}$$

das nach Festlegung der beiden Konstanten x_0, y_0 die Kurve S_{II} auf eine bestimmte Kurve in der Strömungsebene abbildet. Wählen wir für x_0, y_0 insbesondere dieselben Werte wie in der Parameterdarstellung (2,8), so stimmt das System (3,16) dann und nur dann mit dem System (2,8) überein, wenn die gesuchte Stromfunktion $\Psi(\omega, \vartheta)$ auf S_{II} außer der Randbedingung (3,13) auch noch die Randbedingung (3,14) erfüllt. Mit anderen Worten sind erst die beiden Randbedingungen (3,14) und (3,15) zusammen notwendig und hinreichend dafür, daß S_{II} das Bild von S_I in der $\omega\vartheta$-Ebene darstellt.

Die Differentialgleichung (3,6) wollen wir noch durch eine einfachere ersetzen, indem wir diejenige Druck-Dichte-Beziehung zugrundelegen, die wir in [7] durch quadratische Approximation der Adiabatenkurve gewonnen haben, ferner führen wir die reduzierte Stromfunktion

$$(3{,}17)\qquad \psi(\omega, \vartheta) = \Psi(\omega, \vartheta) \sqrt{K(\omega)}$$

ein. Dann geht die Differentialgleichung (3,6) in die Schwingungsgleichung

$$(3{,}18)\qquad \Delta\psi + \frac{k^2}{2}\psi = 0$$

über, in der der Parameter k^2 durch die angenommene Druck-

Dichte-Beziehung eindeutig festgelegt ist. An Stelle von (3,14) erhalten wir auf S_{II} die Randbedingung

$$(3,19) \qquad [\psi_\omega]^2 + \frac{1}{\omega^2}[\psi_\vartheta]^2 = \frac{\mathfrak{R}(\vartheta)}{\sqrt{K(\omega)}} \frac{w(\omega)}{\omega} [\psi_\omega]$$

in der ω, wie bereits erwähnt, durch die Gleichung $\omega = \omega(\vartheta)$ für S_{II} zu ersetzen ist. Die Randbedingung (3,15) überträgt sich unmittelbar auf die reduzierte Stromfunktion (3,17); auf S_{II} gilt also

$$(3,20) \qquad [\psi] = 0$$

Ferner sei noch bemerkt, daß der Übergang von der Differentialgleichung (3,6) zur Schwingungsgleichung (3,18) nur rechentechnische Vorteile mit sich bringt und für die Durchführung unserer Methode zur Lösung des direkten Problems keine prinzipielle Bedeutung hat.

4. Das Randwertproblem in der $\tilde{\Omega}\tilde{\Theta}$-Ebene

Die reduzierte Stromfunktion $\psi(\omega, \vartheta)$ kann man bei zirkulationslosen Strömungen, wie in [7] S. 17ff. näher ausgeführt wird, so in zwei Summanden

$$(4,1) \qquad \psi(\omega, \vartheta) = \psi_1(\omega, \vartheta) + \psi_2(\omega, \vartheta)$$

aufspalten, daß $\psi_1(\omega, \vartheta)$ eine bestimmte, im Bildpunkt $\omega = 1$, $\vartheta = 0$ der Grundströmung singuläre Lösung der Differentialgleichung (3,18) darstellt, die die Erfüllung der Grenzbedingung (2,4) gewährleistet, während $\psi_2(\omega, \vartheta)$ eine auch im Punkte $\omega = 1$, $\vartheta = 0$ reguläre Lösung von (3,18) bedeutet, die aus den Randbedingungen (3,19) und (3,20) zu ermitteln ist. Da jedoch der singuläre Bestandteil $\psi_1(\omega, \vartheta)$ nur von der Anströmungsgeschwindigkeit w_0 und der zugrundegelegten Druck-Dichte-Beziehung abhängt, ist er für alle Profilströmungen, die zur gleichen Druck-Dichte-Beziehung und zu derselben Anströmungsgeschwindigkeit gehören, bis auf einen konstanten Faktor derselbe. Daher läßt sich die reduzierte Stromfunktion $\psi(\omega, \vartheta)$ auch in der Form

$$(4,2) \qquad \psi(\omega, \vartheta) = \bar{\psi}(\omega, \vartheta) + \chi(\omega, \vartheta)$$

zerlegen, in der $\bar{\psi}(\omega, \vartheta)$ die Stromfunktion einer bekannten Unterschallströmung bedeutet, die bei gleicher Anströmungsgeschwindigkeit um ein Profil $\bar{S}_I$ in der Nachbarschaft von S_I stattfindet, und $\chi(\omega, \vartheta)$ eine im Gebiet T_2 durchweg reguläre Lösung von (3,18) bezeichnet. Man kann die Vergleichsströmung $\bar{\psi}(\omega, \vartheta)$ z. B. mit der Methode des indirekten Problems gewinnen.

Bevor wir nun das Randwertproblem für die Korrekturfunktion $\chi(\omega, \vartheta)$ formulieren, wollen wir das zweiblättrige Gebiet T_{II} in der $\omega\vartheta$-Ebene durch die konforme Abbildung

$$(4,3) \qquad \tilde{z} = \sqrt{z - 1} \quad (z = \omega e^{i\vartheta},\ \tilde{z} = \tilde{\Omega} e^{i\Theta})$$

oder in Polarkoordinaten

$$(4,4) \qquad \omega = \sqrt{\tilde{\Omega}^4 + 2\tilde{\Omega}^2 \cos 2\tilde{\Theta} + 1}$$

$$\sin \vartheta = \frac{\tilde{\Omega}^2 \sin 2\tilde{\Theta}}{\sqrt{\tilde{\Omega}^4 + 2\tilde{\Omega}^2 \cos 2\tilde{\Theta} + 1}}, \quad \cos \vartheta = \frac{\tilde{\Omega}^2 \cos 2\tilde{\Theta} + 1}{\sqrt{\tilde{\Omega}^4 + 2\tilde{\Omega}^2 \cos 2\tilde{\Theta} + 1}}$$

in ein schlichtes Gebiet T_{III} der $\tilde{\Omega}\tilde{\Theta}$-Ebene überführen. Der doppelt durchlaufenen Randkurve S_{II} von T_{II} mit den Symmetrieeigenschaften (3,9) entspricht dann in der $\tilde{\Omega}\tilde{\Theta}$-Ebene als Bild eine einfache geschlossene Kurve S_{III} mit durchweg stetiger Tangente, die das schlichte Gebiet T_{III} berandet und die Symmetrieeigenschaften

$$(4,5) \qquad \tilde{\Omega}(\tilde{\Theta}) = \tilde{\Omega}(\tilde{\Theta} + \pi), \quad \tilde{\Omega}\left(\frac{\pi}{2} - \tilde{\Theta}\right) = \tilde{\Omega}\left(\frac{\pi}{2} + \tilde{\Theta}\right)$$

besitzt. Vermöge der Abbildung (4,3) geht dann die Differentialgleichung (3,18) in die in T_{III} gültige Differentialgleichung

$$(4,6) \qquad \Delta\psi + 2k^2\tilde{\Omega}\psi = 0$$

über und die Korrekturfunktion χ in eine in T_{III} durchweg reguläre Lösung dieser Differentialgleichung.

Nunmehr transformieren wir die Randbedingungen (3,19) und (3,20) in die $\tilde{\Omega}\tilde{\Theta}$-Ebene. Aus (3,20) folgt bei Beachtung von (4,2) unmittelbar

$$[\chi] = -[\bar{\psi}] \tag{4,7}$$

auf S_{III}. Zur Umrechnung der Randbedingung (3,19) führen wir in allen Funktionen, die in (3,19) vorkommen, die Transformation (4,3) aus und setzen zur Abkürzung, indem wir die transformierte Funktion wieder mit demselben Buchstaben bezeichnen[1]),

$$w(\omega) = w(\tilde{\Omega}, \tilde{\Theta}), \qquad K(\omega) = K(\tilde{\Omega}, \tilde{\Theta})$$
$$\Re(\vartheta) = \Re(\tilde{\Omega}, \tilde{\Theta}), \quad \psi(\omega, \vartheta) = \psi(\tilde{\Omega}, \tilde{\Theta}).$$

Ferner ergibt sich mit (4,4)

$$\omega \Psi_\omega = \frac{1}{2\tilde{\Omega}} \Psi_{\tilde{\Omega}}(\tilde{\Omega}^2 + 2\cos\tilde{\Theta}) - \frac{1}{2\tilde{\Omega}^2} \Psi_{\tilde{\Theta}} \sin 2\tilde{\Theta} \tag{4,8}$$

und

$$\Psi_\omega^2 + \frac{1}{\omega^2}\Psi_\vartheta^2 = \frac{1}{4\tilde{\Omega}^2}\left\{\Psi_{\tilde{\Omega}}^2 + \frac{1}{\tilde{\Omega}^2}\Psi_{\tilde{\Theta}}^2\right\} \tag{4,9}$$

Wegen (3,15) und (3,17) gilt auf S_{II}

$$[\Psi_\omega] = \frac{1}{\sqrt{K(\omega)}}[\psi_\omega], \qquad [\Psi_\vartheta] = \frac{1}{\sqrt{K(\omega)}}[\psi_\vartheta]$$

und auf S_{III}

$$[\Psi_{\tilde{\Omega}}] = \frac{1}{\sqrt{K(\tilde{\Omega}, \tilde{\Theta})}}[\psi_{\tilde{\Omega}}], \qquad [\Psi_{\tilde{\Theta}}] = \frac{1}{\sqrt{K(\tilde{\Omega}, \tilde{\Theta})}}[\psi_{\tilde{\Theta}}]$$

so daß (4,8) in

$$\omega[\psi_\omega] = \frac{1}{2\tilde{\Omega}}[\psi_{\tilde{\Omega}}](\tilde{\Omega}^2 + 2\cos\tilde{\Theta}) - \frac{1}{2\tilde{\Omega}^2}[\psi_{\tilde{\Theta}}]\sin 2\tilde{\Theta} \tag{4,10}$$

und (4,9) in

$$[\psi_\omega]^2 + \frac{1}{\omega^2}[\psi_\vartheta]^2 = \frac{1}{4\tilde{\Omega}^2}\left\{[\psi_{\tilde{\Omega}}]^2 + \frac{1}{\tilde{\Omega}^2}[\psi_{\tilde{\Theta}}]^2\right\} \tag{4,11}$$

---

[1]) Zur Klarstellung dieser Schreibweise sei noch bemerkt, daß z. B. der Wertevorrat der Funktion $\Re(\omega, \vartheta)$ mit Hilfe der Formeln (4,4) allein aus den Werten $\Re(\vartheta)$ gebildet wird, die mit der Profilkontur S_I in der Strömungsebene vorgegeben sind.

übergeht. Dabei sind die Randwerte auf den linken Seiten der Gleichungen (4,10) und (4,11) auf der Kurve S_{II} in der $\omega\vartheta$-Ebene und die Randwerte auf den rechten Seiten dieser Gleichungen auf der Bildkurve S_{III} in der $\tilde{\Omega}\tilde{\Theta}$-Ebene zu nehmen. Mit Benutzung von (4,10) und (4,11) erhält dann die Randbedingung (3,19) die Gestalt

$$(4,12) \qquad [\psi_{\tilde{\Omega}}]^2 + \frac{1}{\tilde{\Omega}^2}[\psi_{\tilde{\Theta}}]^2 = 2h(\tilde{\Omega}, \tilde{\Theta})\left\{[\psi_{\tilde{\Omega}}]\tilde{\Omega}(\tilde{\Omega}^2 + \cos 2\tilde{\Theta}) - [\psi_{\tilde{\Theta}}]\sin 2\tilde{\Theta}\right\},$$

wobei zur Abkürzung

$$(4,13) \quad h(\tilde{\Omega}, \tilde{\Theta}) = \frac{\Re(\tilde{\Omega}, \tilde{\Theta})}{\sqrt{K(\tilde{\Omega}, \tilde{\Theta})}}\frac{w}{\omega^2} = \frac{\Re(\tilde{\Omega}, \tilde{\Theta})}{\sqrt{K(\tilde{\Omega}, \tilde{\Theta})}}\frac{w(\tilde{\Omega}, \tilde{\Theta})}{\tilde{\Omega}^4 + 2\tilde{\Omega}^2\cos 2\tilde{\Theta} + 1}$$

gesetzt worden ist. Führen wir in die Beziehung (4,12) noch die Zerlegung (4,2) ein, so ergibt sich nach einer völlig elementaren Rechnung auf S_{III} die Bedingung

$$(4,14) \quad [\chi_{\tilde{\Omega}}]^2 + \frac{1}{\tilde{\Omega}^2}[\chi_{\tilde{\Theta}}]^2 + A(\tilde{\Omega}, \tilde{\Theta})[\chi_{\tilde{\Omega}}] + B(\tilde{\Omega}, \tilde{\Theta})[\chi_{\tilde{\Theta}}] = C(\tilde{\Omega}, \tilde{\Theta})$$

mit

$$(4,15) \quad \begin{aligned} A(\tilde{\Omega}, \tilde{\Theta}) &= [\bar{\psi}_{\tilde{\Omega}}] + h(\tilde{\Omega}, \tilde{\Theta})\,\tilde{\Omega}(\tilde{\Omega}^2 + \cos 2\tilde{\Theta}) \\ B(\tilde{\Omega}, \tilde{\Theta}) &= \frac{1}{\tilde{\Omega}^2}[\bar{\psi}_{\tilde{\Theta}}] - h(\tilde{\Omega}, \tilde{\Theta})\sin 2\tilde{\Theta} \\ C(\tilde{\Omega}, \tilde{\Theta}) &= -\frac{1}{2}\left\{[\bar{\psi}_{\tilde{\Omega}}]^2 + \frac{1}{\tilde{\Omega}^2}[\bar{\psi}_{\tilde{\Theta}}]^2\right\} \\ &\quad - h(\tilde{\Omega}, \tilde{\Theta})\left\{[\bar{\psi}_{\tilde{\Omega}}]\tilde{\Omega}(\tilde{\Omega}^2 + \cos 2\tilde{\Theta}) - [\bar{\psi}_{\tilde{\Theta}}]\sin 2\tilde{\Theta}\right\} \end{aligned}$$

In diesen Formeln hat man sich für das Argument $\tilde{\Omega}$ überall die noch unbekannte Kurvengleichung $\tilde{\Omega} = \tilde{\Omega}(\tilde{\Theta})$ von S_{III} eingesetzt zu denken.

Bevor wir nun zur endgültigen Formulierung des Randwertproblems für die Korrekturfunktion $\chi(\tilde{\Omega}, \tilde{\Theta})$ übergehen, ist es zweckmäßig, in der $\tilde{\Omega}\tilde{\Theta}$-Ebene eine gewisse Klasse von Kurven als „zulässig" hervorzuheben. Unter einer zulässigen Kurve verstehen wir eine doppelpunktfreie geschlossene Kurve mit stetiger Tangente, die von jedem vom Ursprung der $\tilde{\Omega}\tilde{\Theta}$-Ebene ausgehenden Halbstrahl in genau einem Punkt geschnitten wird und den Symmetriebedingungen (4,5) genügt. Jede solche Kurve bestimmt dann in der $\tilde{\Omega}\tilde{\Theta}$-Ebene ein Sterngebiet in bezug auf den Ursprung. Das direkte Problem für zirkulationslose Strömungen um doppeltsymmetrische Profile läßt sich nunmehr durch das folgende Randwertproblem in der $\tilde{\Omega}\tilde{\Theta}$-Ebene charakterisieren:

Gesucht wird 1. die Gleichung $\tilde{\Omega} = \tilde{\Omega}(\tilde{\Theta})$ einer zulässigen Kurve S_{III}, die in der $\tilde{\Omega}\tilde{\Theta}$-Ebene das Sterngebiet T_{III} berandet, und 2. eine in T_{III} durchweg reguläre Lösung[1]) $\chi(\tilde{\Omega}, \tilde{\Theta})$ der Differentialgleichung

$$\Delta\chi + 2\,k^2\tilde{\Omega}\chi = 0 \tag{4,16}$$

die nebst ihren partiellen Ableitungen erster Ordnung auf S_{III} stetige Randwerte besitzt und dort den beiden Randbedingungen (4,7) und (4,14) genügt.

Die Ausdehnung dieser Untersuchungen auf zirkulationsbehaftete Strömungen und allgemeinere Profile erfordert noch weitere Singularitätenbetrachtungen, die durch das Auftreten der Zirkulation bedingt sind, und soll hier unterbleiben.

Nunmehr wollen wir noch die Frage klären, wie sich die Unendlichkeitsstellen, die die Funktion (4,13) in den Bildern der Staupunkte aufweist, auf die Randwerte $[\chi_{\Omega}]$ und $[\chi_{\Theta}]$ auswirken. Dabei beschränken wir uns der Einfachheit halber auf eine Kurve S_{III} in der Nähe der Kreiskontur $\tilde{\Omega} = 1$[2]). Dann läßt sich S_{III} in der Form

$$\tilde{\Omega} = 1 - \varepsilon\,(\tilde{\Theta}) \tag{4,17}$$

darstellen und $\varepsilon(\tilde{\Theta})$ genügt dann wegen (4,5) den folgenden

---

[1]) In der Umgebung des Ursprungs der $\tilde{\Omega}\tilde{\Theta}$-Ebene soll $\chi(\tilde{\Omega}, \tilde{\Theta})$ eine Entwicklung der Form

$$\chi(\tilde{\Omega}, \tilde{\Theta}) = \sum_{\mu=0}^{\infty} d_{\mu+1/2}\, J_{\mu+1/2}\left(\frac{k}{\sqrt{2}}\tilde{\Omega}^2\right)\cos\,(2\mu+1)\,\tilde{\Theta}$$

zulassen.

[2]) Die Betrachtung läßt sich auch auf beliebige doppeltsymmetrische Profilkonturen übertragen. Nur hat man dann (4,17) durch die allgemeinere Beziehung $\tilde{\Omega} = \bar{\tilde{\Omega}}\,(\Theta) - \varepsilon(\tilde{\Theta})$ darzustellen.

Symmetriebedingungen

$$\varepsilon(\tilde{\Theta}) = \varepsilon(\tilde{\Theta} + \pi), \quad \varepsilon\left(\frac{\pi}{2} - \tilde{\Theta}\right) = \varepsilon\left(\frac{\pi}{2} + \tilde{\Theta}\right) \tag{4,18}$$

Ferner setzen wir voraus, daß $\varepsilon(\tilde{\Theta})$ in der Umgebung der Stelle $\tilde{\Theta} = \frac{\pi}{2}$ eine Entwicklung der Form

$$\varepsilon(\tilde{\Theta}) = \varepsilon\left(\frac{\pi}{2}\right) + \varepsilon'\left(\frac{\pi}{2}\right)\alpha + \frac{1}{2}\varepsilon''\left(\frac{\pi}{2}\right)\alpha^2 + \ldots \tag{4,19}$$

mit $\alpha = \tilde{\Theta} - \frac{\pi}{2}$ gestattet. Wie aus (3,3) hervorgeht, gilt für $w \to 0$ die Beziehung[1])

$$\omega \approx \frac{w}{w_0} l(w_0) \quad \text{mit } l(w_0) \approx 1 + \frac{1}{4}\frac{w_0^2}{a_0^2} \tag{4,20}$$

Die erste Gleichung von (4,4) liefert dann für die Bilder der beiden Staupunkte $\tilde{\Omega} = 1$, $\tilde{\Theta} = \pm\frac{\pi}{2}$; mithin verschwindet in (4,19) der Koeffizient $\varepsilon\left(\frac{\pi}{2}\right)$. Ferner folgt aus der zweiten Gleichung von (4,18), daß in (4,19) auch der Koeffizient $\varepsilon'\left(\frac{\pi}{2}\right)$ verschwindet. Daher geht (4,19) über in

$$\varepsilon(\tilde{\Theta}) = \frac{1}{2}\varepsilon''\left(\frac{\pi}{2}\right)\alpha^2 + \ldots \tag{4,21}$$

und aus (4,17) erhält man

$$\tilde{\Omega}(\tilde{\Theta}) = 1 - \frac{1}{2}\varepsilon''\left(\frac{\pi}{2}\right)\alpha^2 + \ldots \tag{4,22}$$

Mit Benutzung von (4,22) gewinnt man aus der ersten Gleichung von (4,4) ohne Mühe für hinreichend kleine Werte von w

$$\omega^2 \approx 4\cos^2\tilde{\Theta} \approx 4\alpha^2 \tag{4,23}$$

---

[1]) Hierzu sei bemerkt, daß die Ausdrucksweise $f(x) \approx g(x)$ für $x \to a$ wie üblich $\lim\limits_{x \to a} \frac{f(x)}{g(x)} = 1$ bedeutet.

Aus (4,13) ergibt sich dann mit Hilfe von (4,20) und (4,23) für $\tilde{\Theta} \to \frac{\pi}{2} + 0$ auf S_{III} die asymptotische Beziehung

$$h(\tilde{\Omega}, \tilde{\Theta}) \approx \frac{\mathfrak{R}_s}{2\sqrt{K_s}} \frac{w_0}{l(w_0)\,\alpha} \tag{4,24}$$

wobei $\mathfrak{R}_s$ und K_s die Werte von $\mathfrak{R}$ und K im Staupunkt $\tilde{\Omega} = 1$, $\tilde{\Theta} = \frac{\pi}{2}$ bedeuten. Geben wir der Randbedingung (3,20), die in derselben Form auch in der $\tilde{\Omega}\tilde{\Theta}$-Ebene gilt, jetzt die Gestalt

$$[\psi_{\tilde{\Omega}}] \frac{d\tilde{\Omega}}{d\tilde{\Theta}} + [\psi_{\tilde{\Theta}}] = 0 \tag{4,25}$$

und eliminieren damit aus der Randbedingung (4,12) die Randfunktion $[\psi_{\tilde{\Omega}}]$, so erhält man aus (4,12)

$$[\psi_{\tilde{\Theta}}]\left(\left\{1 + \frac{1}{\tilde{\Omega}^2}\left(\frac{d\tilde{\Omega}}{d\tilde{\Theta}}\right)^2\right\}[\psi_{\tilde{\Theta}}] + 2h(\tilde{\Omega}, \tilde{\Theta})\,\tilde{\Omega}\frac{d\tilde{\Omega}}{d\tilde{\Theta}}(\tilde{\Omega}^2 + \cos 2\tilde{\Theta}) + 2h(\tilde{\Omega}, \tilde{\Theta})\left(\frac{d\tilde{\Omega}}{d\tilde{\Theta}}\right)^2 \sin 2\tilde{\Theta}\right) = 0 \tag{4,26}$$

Es läßt sich nun leicht zeigen, daß für $\tilde{\Theta} \to \frac{\pi}{2} + 0$ auf S_{III} die asymptotischen Beziehungen

$$\frac{d\tilde{\Omega}}{d\tilde{\Theta}} \approx -\varepsilon''\left(\frac{\pi}{2}\right)\alpha, \quad \sin 2\tilde{\Theta} \approx -2\alpha, \tag{4,27}$$

$$\tilde{\Omega}^2 + \cos 2\tilde{\Theta} \approx \left\{2 - \varepsilon''\left(\frac{\pi}{2}\right)\right\}\alpha^2$$

gelten, woraus sich mit Benutzung von (4,24) die Beziehungen

$$h(\tilde{\Omega}, \tilde{\Theta})(\tilde{\Omega}^2 + \cos 2\tilde{\Theta}) \approx \frac{\mathfrak{R}_s}{2\sqrt{K_s}} \frac{w_0}{l(w_0)}\left\{2 - \varepsilon''\left(\frac{\pi}{2}\right)\right\}\alpha$$

und

$$h(\tilde{\Omega}, \tilde{\Theta})\left(\frac{d\tilde{\Omega}}{d\tilde{\Theta}}\right)^2 \approx \frac{\mathfrak{R}_s}{2\sqrt{K_s}} \frac{w_0}{l(w_0)}\left\{\varepsilon''\left(\frac{\pi}{2}\right)\right\}^2\alpha$$

ergeben. Nimmt man jetzt in Gleichung (4,26) den Grenzübergang $\tilde{\Theta} \to \frac{\pi}{2} + 0$ vor, so ergibt sich nur dann kein Widerspruch, wenn

$$\lim_{\Theta \to \frac{\pi}{2} + 0} [\psi_\Theta] = 0. \tag{4,28}$$

Ebenso läßt sich durch Elimination von $[\psi_\Theta]$ aus der Randbedingung (4,12) in analoger Weise zeigen, daß auch

$$\lim_{\Theta \to \frac{\pi}{2} + 0} [\psi_\Omega] = 0 \tag{4,29}$$

gilt. Für die Randwerte $[\chi_\Omega]$ und $[\chi_\Theta]$ bedeuten dann die Aussagen (4,28) und (4,29) wegen $\psi = \bar{\psi} + \chi$

$$\lim_{\Theta \to \frac{\pi}{2} + 0} [\chi_\Omega] = - [\bar{\psi}_\Omega]_{\Theta = \frac{\pi}{2}} \quad , \quad \lim_{\Theta \to \frac{\pi}{2} + 0} [\chi_\Theta] = - [\bar{\psi}_\Theta]_{\Theta = \frac{\pi}{2}} \tag{4,30}$$

Literatur

[1] H.-S. Tsien: Two Dimensional Subsonic Flow of Compressible Fluids, Journal of aeron. Sciences VI (1939); S. 399—407.

[2] С. А. Христианович: Обтекание тел газом при больших дозвуковых скоростях. Труды ЦАГИ 481 (1940).

[3] M. I. Lighthill: The hodograph transformation in transsonic flow. III Flow round a body. Proc. Roy. Soc. London A 191 (1947); S. 352—369.

[4] St. Bergman-M. Schiffer: Kernel Functions and Elliptic Differential Equations in Mathematical Physics. Academic Press Inc., Publ. New York 1953; S. 141—154.

[5] L. Bers: Some Generalizations of Conformal Mapping Suggested by Gas Dynamics. Constr. and Applic. of Conformal Maps. Proceedings of a Symposium. Nat. Bureau of Standards. Appl. Math. Ser. XVIII Los Angeles 1952; S. 117—124.

[6] G. Guderley: On the Presence of Shocks in Mixed Subsonic-Supersonic Flow-Patterns. Advances in Appl. Mech. Vol. III Academic Press Inc. Publishers New York 1953; S. 145—184.

[7] H. Schubert-E. Schincke: Zur Ermittlung von Unterschallströmungen mit der Transformationsmethode bei quadratischer Approximation der Adiabate. Ber. üb. d. Verhdl. d. Sächs. Akad. d. Wiss. zu Leipzig, Math.-naturw. Klasse Bd. 101, Heft 6, 1955.

[8] V. Volterra: Leçons sur les fonctions de lignes. Gauthier-Villars, Paris, 1913.

[9] A. Busemann: Hodographenmethode der Gasdynamik. ZAMM Bd. XVII (1937); S. 73—79.

[10] S. Tomotika-K. Tamada: Studies on two-dimensional transonic flows of a compressible fluid. — Part III. Quarterly of Applied Mathematics, Vol. 9 (1951); S. 129—147.

[11] C. C. Lin: On an extension of the von Kármán-Tsien method to two-dimensional subsonic flows with circulation around closed profiles. Quarterly of Applied Mathematics, Vol. 4 (1946); S. 291 — 297.

[12] H. Richter-W. Müller: Zur Tschapliginschen Hodographenmethode bei Unterschallströmungen mit Zirkulation ZAMM Bd. 35 (1955); S. 1—11.

[13] J. A. Zaat-R. Timman: Berekningsmethoden voor profielen in subsone compressibele stroming. National Luchtvaartlaboratorium Amsterdam. Rapport F. 57 (1949).

BERICHTE ÜBER DIE VERHANDLUNGEN DER SÄCHSISCHEN AKADEMIE DER WISSENSCHAFTEN ZU LEIPZIG

MATHEMATISCH-NATURWISSENSCHAFTLICHE KLASSE

Band 97

Heft 1 Prof. Dr. ERICH STRACK, Beobachtungen über den endogenen Anteil des Kot-Stickstoffs
24 Seiten – 8° – 1949 – DM 2,50 *(vergriffen)*

Heft 2 Prof. Dr. ERNST HÖLDER, Über die Variationsprinzipe der Mechanik der Kontinua
13 Seiten – 8° – 1950 – DM 2,75 *(vergriffen)*

Heft 3 Dr. H. GERSTNER / Dr. H. BAARK / Dr. H. GRAUL, Der Wechselstromwiderstand der Froschhaut
25 Seiten – 8° – 1950 – DM 2,75

Heft 4 Prof. Dr. HERBERT BECKERT, Existenz- und Eindeutigkeitsbeweise für das Differenzenverfahren zur Lösung des Anfangswertproblems, des gemischten Anfangs-, Randwert- und des charakteristischen Problems einer hyperbolischen Differentialgleichung zweiter Ordnung mit zwei unabhängigen Variablen
42 Seiten – 8° – 1950 – DM 9,– *(vergriffen)*

Heft 5 Prof. Dr. HERBERT BECKERT, Über quasilineare hyperbolische Systeme partieller Differentialgleichungen erster Ordnung mit zwei unabhängigen Variablen. Das Anfangswertproblem, die gemischte Anfangs-Randwertaufgabe, das charakteristische Problem
68 Seiten – 8° – 1950 – DM 14,50 *(vergriffen)*

Heft 6 Prof. Dr.-Ing. ENNO HEIDEBROEK, Das Verhalten von zähen Flüssigkeiten, insbesondere Schmierflüssigkeiten, in engen Spalten
Nachdruck – 40 Seiten – 24 Abbildungen – 8° – 1952 – DM 5,80

Heft 7 Prof. Dr. HANS SCHUBERT, Über eine lineare Integrodifferentialgleichung mit Zusatzkern
52 Seiten – 8° – 1950 – DM 9,25 *(vergriffen)*

Heft 8 Dipl. phys. HELMAR KRUPP, Bestimmung der allgemeinen Lösung der Schrödinger Gleichung für Coulomb-Potential
28 Seiten – 8° – 1950 – DM 5,50 *(vergriffen)*

Band 98

Heft 1 Prof. Dr. WALTER SCHNEE, Über magische Quadrate und lineare Gitterpunktprobleme
48 Seiten – 8° – 1951 – DM 4,65 *(vergriffen)*

Heft 2 Prof. Dr.-Ing. ENNO HEIDEBROEK, Über die Beziehungen zwischen Schmierung und Verschleiß bei geschmierter Gleitreibung
Nachdruck – 36 Seiten – 5 Abbildungen – 8° – DM 2,75

Heft 3 Prof. Dr.-Ing. e. h. KARL KEGEL, Der Salzstock Mirowo bei Provadia in Bulgarien
26 Seiten – 9 Abbildungen – 8° – 1951 – DM 3,– *(vergriffen)*

Heft 4 Prof. Dr. HERBERT BECKERT, Bemerkungen über die Verbiegung hyperbolisch-gekrümmter Flächenstücke
Prof. Dr. HANS SALIÉ, Über Abels Verallgemeinerung der binomischen Formel
22 Seiten – 2 Abbildungen – 8° – 1951 – DM 2,25

Heft 5 Prof. Dr. ERICH STRACK, Die Dauerinfusion als Verfahren zur Erforschung des Kohlenhydratstoffwechsels des Tierkörpers
20 Seiten – 8° – 1952 – DM 2,–

Band 99

Heft 1 Prof. Dr. HEINRICH BRANDT, Über das quadratische Reziprozitätsgesetz
18 Seiten – 8° – 1951 – DM 1,70 *(vergriffen)*

Heft 2 Prof. Dr. GEORG SPACKELER, Der Gebirgsdruck und seine Beherrschung durch den Bergmann
36 Seiten – 12 Abbildungen – 8° – 1951 – DM 1,65 *(vergriffen)*

Heft 3 Prof. Dr. ERNST DIEPSCHLAG, Die Anwendbarkeit der Regelungstechnik in der Hüttenindustrie
38 Seiten – 12 Abbildungen – 8° – 1952 – DM 3,90

Heft 4 Prof. Dr. ALBERT FROMME, Die Bedeutung der Entwicklungsgeschichte, besonders des Mesenchyms für die Klinik
24 Seiten – 8° – 1952 – DM 1,75 *(vergriffen)*

Heft 5 Dr. ROBERT BÖKER, Die Entstehung der Sternsphäre Arats
68 Seiten – 4 Abbildungen – 2 Ausschlagtafeln – 3 Tabellen – 8° – 1952 – DM 5,60

Band 100

Heft 1 Prof. Dr. HEINRICH BRANDT, Über Stammfaktoren bei ternären quadratischen Formen
24 Seiten – 8° – 1952 – DM 2,25

Heft 2 Dr. PAUL GÜNTHER, Zur Gültigkeit des Huygens'schen Prinzips bei partiellen Differentialgleichungen vom normalen hyperbolischen Typus
43 Seiten – 8° – 1952 – DM 5,–

Heft 3 Dr. ALFRED MÜLLER, Die Schaubarkeit in der Axonometrie
22 Seiten – 3 Ausschlagtafeln – 8° – 1952 – DM 3,–

Heft 4 Prof. Dr.-Ing. ENNO HEIDEBROEK, Die Beziehungen zwischen Härte, Schmierung und Verschleißfestigkeit
Nachdruck – 40 Seiten – 10 Abbildungen – 8° – 1954 – DM 3,40 *(vergriffen)*

Heft 5 Prof. Dr. ROBERT SCHRÖDER, Frauenheilkunde in Forschung und Praxis
22 Seiten – 8° – 1952 – DM 1,35

Heft 6 Dr. ROLF REISSIG, Die pandiagonalen Quadrate vierter Ordnung
54 Seiten – 8° – 1952 – DM 5,–

Heft 7 Prof. Dr. MAX ROBITZSCH, Die Erforschung der Atmosphäre, ihre Methodik und ihre Probleme
30 Seiten – 12 Abbildungen – 4 Kunstdrucktafeln – 8° – 1953 – DM 2,50

Band 101

Heft 1 Prof. Dr. KURT SCHWABE, Periodische Erscheinungen bei der anodischen Auflösung des Zinks
33 Seiten – 14 Abbildungen – 8° – 1954 – DM 3,–

Heft 2 Dr. UDO PIRL, Positive Lösungen einer nichtlinearen Integralgleichung
44 Seiten – 2 Abbildungen – 8° – 1953 – DM 4,–

Heft 3 Dr. JOACHIM FOCKE, Asymptotische Entwicklungen mittels der Methode der stationären Phase
48 Seiten – 8° – 1955 – DM 4,80 *(vergriffen)*

Heft 4 Prof. Dr. HANS SALIÉ, Zur Verteilung natürlicher Zahlen auf elementfremde Klassen
26 Seiten – 8° – 1954 – DM 2,50

Heft 5 Prof. Dr. Ing. ENNO HEIDEBROEK, Die Verantwortlichkeit des Ingenieurs
22 Seiten – 8° – 1954 – DM 1,–

Heft 6 Prof. Dr. HANS SCHUBERT / Dr. ERICH SCHINCKE, Zur Ermittlung von Unterschallströmungen mit der Transformationsmethode bei quadratischer Approximation der Adiabate
32 Seiten – 6 Abbildungen – 2 Tabellen – 8° – 1955 – DM 2,30

Heft 7 Dr. HELMUT SCHAEFER, Neue Existenzsätze in der Theorie nichtlinearer Integralgleichungen
40 Seiten – 8° – 1955 – DM 2,40

Band 102

Heft 1 Dr. PAUL GÜNTHER, Über einige spezielle Probleme aus der Theorie der linearen partiellen Differentialgleichungen zweiter Ordnung
50 Seiten – 8° – 1956 – DM 4,60

Bestellungen durch eine Buchhandlung erbeten

AKADEMIE-VERLAG · BERLIN

FSC
www.fsc.org
MIX
Papier | Fördert gute Waldnutzung
FSC® C083411

Zeitfracht Medien GmbH
Ferdinand-Jühlke-Straße 7
99095 Erfurt, Deutschland
produktsicherheit@kolibri360.de